Nazwisko :

Telefon :

Adres :

Idealny dla brygadzisty, kierownika lub inspektora nadzoru na placu budowy

Nazwa projektu :

Brygadzista :

Projekt nr:

Data :

Dzień :

Odwiedzający	Harmonogram

Problemy	Kwestie bezpieczeństwa

Podsumowanie pracy

Podpis :

Pracownik	Handel	Godziny	Nadgodziny

Wyposażenie na miejscu	Nr jednostki

Dostarczone materiały	Nr jednostki	Wyposażenie wynajmowane	Szczure

Inne

Uwagi :

Nazwa projektu :

Projekt nr:

Data :

Brygadzista :

Dzień :

Odwiedzający	Harmonogram

Problemy	Kwestie bezpieczeństwa

Podsumowanie pracy

Podpis :

Pracownik	Handel	Godziny	Nadgodziny

Wyposażenie na miejscu	Nr jednostki

Dostarczone materiały	Nr jednostki	Wyposażenie wynajmowane	Szczure

Inne

Uwagi :

Nazwa projektu :

Brygadzista :

Projekt nr:	
Data :	
Dzień :	

Odwiedzający

Harmonogram

Problemy

Kwestie bezpieczeństwa

Podsumowanie pracy

Podpis :

Pracownik	Handel	Godziny	Nadgodziny

Wyposażenie na miejscu	Nr jednostki

Dostarczone materiały	Nr jednostki	Wyposażenie wynajmowane	Szczure

Inne

Uwagi :

Nazwa projektu :

Projekt nr:

Data :

Brygadzista :

Dzień :

Odwiedzający

Harmonogram

Problemy

Kwestie
bezpieczeństwa

Podsumowanie pracy

Podpis :

Pracownik	Handel	Godziny	Nadgodziny

Wyposażenie na miejscu	Nr jednostki

Dostarczone materiały	Nr jednostki	Wyposażenie wynajmowane	Szczure

Inne

Uwagi :

Nazwa projektu :

Brygadzista :

Projekt nr:

Data :

Dzień :

Odwiedzający

Harmonogram

Problemy

Kwestie bezpieczeństwa

Podsumowanie pracy

Podpis :

Pracownik	Handel	Godziny	Nadgodziny

Wyposażenie na miejscu	Nr jednostki

Dostarczone materiały	Nr jednostki	Wyposażenie wynajmowane	Szczure

Inne

Uwagi :

Nazwa projektu :

Brygadzista :

Projekt nr:

Data :

Dzień :

<table>
<tr><td>Odwiedzający</td><td>Harmonogram</td></tr>
</table>

<table>
<tr><td>Problemy</td><td>Kwestie bezpieczeństwa</td></tr>
</table>

Podsumowanie pracy

Podpis :

Pracownik	Handel	Godziny	Nadgodziny

Wyposażenie na miejscu	Nr jednostki

Dostarczone materiały	Nr jednostki	Wyposażenie wynajmowane	Szczure

Inne

Uwagi :

Nazwa projektu :

Projekt nr:

Data :

Brygadzista :

Dzień :

Odwiedzający

Harmonogram

Problemy

Kwestie
bezpieczeństwa

Podsumowanie pracy

Podpis :

Pracownik	Handel	Godziny	Nadgodziny

Wyposażenie na miejscu	Nr jednostki

Dostarczone materiały	Nr jednostki	Wyposażenie wynajmowane	Szczure

Inne

Uwagi :

Nazwa projektu :

Projekt nr:

Data :

Brygadzista :

Dzień :

Odwiedzający

Harmonogram

Problemy

Kwestie bezpieczeństwa

Podsumowanie pracy

Podpis :

Pracownik	Handel	Godziny	Nadgodziny

Wyposażenie na miejscu	Nr jednostki

Dostarczone materiały	Nr jednostki	Wyposażenie wynajmowane	Szczure

Inne

Uwagi :

Nazwa projektu :

Projekt nr:

Data :

Brygadzista :

Dzień :

| Odwiedzający | Harmonogram |

| Problemy | Kwestie bezpieczeństwa |

Podsumowanie pracy

Podpis :

Pracownik	Handel	Godziny	Nadgodziny

Wyposażenie na miejscu	Nr jednostki

Dostarczone materiały	Nr jednostki	Wyposażenie wynajmowane	Szczure

Inne

Uwagi :

Nazwa projektu :

Projekt nr:

Data :

Brygadzista :

Dzień :

<table>
<tr><td>Odwiedzający</td><td>Harmonogram</td></tr>
</table>

<table>
<tr><td>Problemy</td><td>Kwestie bezpieczeństwa</td></tr>
</table>

Podsumowanie pracy

Podpis :

Pracownik	Handel	Godziny	Nadgodziny
Pracownik	Handel	Godziny	Nadgodziny

Wyposażenie na miejscu	Nr jednostki

Dostarczone materiały	Nr jednostki	Wyposażenie wynajmowane	Szczure

Inne

Uwagi :

Nazwa projektu :

Projekt nr:

Data :

Brygadzista :

Dzień :

| Odwiedzający | Harmonogram |

| Problemy | Kwestie bezpieczeństwa |

Podsumowanie pracy

Podpis :

Pracownik	Handel	Godziny	Nadgodziny

Wyposażenie na miejscu	Nr jednostki

Dostarczone materiały	Nr jednostki	Wyposażenie wynajmowane	Szczure

Inne

Uwagi :

Nazwa projektu :

Brygadzista :

Projekt nr:

Data :

Dzień :

Odwiedzający

Harmonogram

Problemy

Kwestie bezpieczeństwa

Podsumowanie pracy

Podpis :

Pracownik	Handel	Godziny	Nadgodziny

Wyposażenie na miejscu	Nr jednostki

Dostarczone materiały	Nr jednostki	Wyposażenie wynajmowane	Szczure

<table><tr><td>Inne</td></tr></table>

Uwagi :

Nazwa projektu :

Brygadzista :

Projekt nr:

Data :

Dzień :

Odwiedzający	Harmonogram

Problemy	Kwestie bezpieczeństwa

Podsumowanie pracy

Podpis :

Pracownik	Handel	Godziny	Nadgodziny

Wyposażenie na miejscu	Nr jednostki

Dostarczone materiały	Nr jednostki	Wyposażenie wynajmowane	Szczure

Inne

Uwagi :

Nazwa projektu :

Brygadzista :

Projekt nr:

Data :

Dzień :

Odwiedzający	Harmonogram

Problemy	Kwestie bezpieczeństwa

Podsumowanie pracy

Podpis :

Pracownik	Handel	Godziny	Nadgodziny

Wyposażenie na miejscu	Nr jednostki

Dostarczone materiały	Nr jednostki	Wyposażenie wynajmowane	Szczure

Inne

Uwagi :

Nazwa projektu :

Projekt nr:

Data :

Brygadzista :

Dzień :

Odwiedzający

Harmonogram

Problemy

Kwestie bezpieczeństwa

Podsumowanie pracy

Podpis :

Pracownik	Handel	Godziny	Nadgodziny

Wyposażenie na miejscu	Nr jednostki

Dostarczone materiały	Nr jednostki	Wyposażenie wynajmowane	Szczure

Inne

Uwagi :

Nazwa projektu :

Brygadzista :

Projekt nr:

Data :

Dzień :

Odwiedzający	Harmonogram

Problemy	Kwestie bezpieczeństwa

Podsumowanie pracy

Podpis :

Pracownik	Handel	Godziny	Nadgodziny

Wyposażenie na miejscu	Nr jednostki

Dostarczone materiały	Nr jednostki	Wyposażenie wynajmowane	Szczure

Inne

Uwagi :

Nazwa projektu :

Brygadzista :

Projekt nr:

Data :

Dzień :

Odwiedzający

Harmonogram

Problemy

Kwestie bezpieczeństwa

Podsumowanie pracy

Podpis :

Pracownik	Handel	Godziny	Nadgodziny

Wyposażenie na miejscu	Nr jednostki

Dostarczone materiały	Nr jednostki	Wyposażenie wynajmowane	Szczure

Inne

Uwagi :

Nazwa projektu :

Brygadzista :

Projekt nr:

Data :

Dzień :

Odwiedzający

Harmonogram

Problemy

Kwestie bezpieczeństwa

Podsumowanie pracy

Podpis :

Pracownik	Handel	Godziny	Nadgodziny

Wyposażenie na miejscu	Nr jednostki

Dostarczone materiały	Nr jednostki	Wyposażenie wynajmowane	Szczure

Inne

Uwagi :

Nazwa projektu :

Projekt nr:

Data :

Brygadzista :

Dzień :

Odwiedzający

Harmonogram

Problemy

Kwestie bezpieczeństwa

Podsumowanie pracy

Podpis :

Pracownik	Handel	Godziny	Nadgodziny

Wyposażenie na miejscu	Nr jednostki

Dostarczone materiały	Nr jednostki	Wyposażenie wynajmowane	Szczure

Inne

Uwagi :

Nazwa projektu :

Brygadzista :

Projekt nr:

Data :

Dzień :

Odwiedzający	Harmonogram

Problemy	Kwestie bezpieczeństwa

Podsumowanie pracy

Podpis :

Pracownik	Handel	Godziny	Nadgodziny

Wyposażenie na miejscu	Nr jednostki

Dostarczone materiały	Nr jednostki	Wyposażenie wynajmowane	Szczure

Inne

Uwagi :

Nazwa projektu :

Projekt nr:

Data :

Brygadzista :

Dzień :

Odwiedzający

Harmonogram

Problemy

Kwestie bezpieczeństwa

Podsumowanie pracy

Podpis :

Pracownik	Handel	Godziny	Nadgodziny

Wyposażenie na miejscu	Nr jednostki

Dostarczone materiały	Nr jednostki	Wyposażenie wynajmowane	Szczure

Inne

Uwagi :

Nazwa projektu :

Brygadzista :

Projekt nr:

Data :

Dzień :

Odwiedzający	Harmonogram

Problemy	Kwestie bezpieczeństwa

Podsumowanie pracy

Podpis :

Pracownik	Handel	Godziny	Nadgodziny

Wyposażenie na miejscu	Nr jednostki

Dostarczone materiały	Nr jednostki	Wyposażenie wynajmowane	Szczure

Uwagi :

Nazwa projektu :

Projekt nr:

Data :

Brygadzista :

Dzień :

Odwiedzający

Harmonogram

Problemy

Kwestie
bezpieczeństwa

Podsumowanie pracy

Podpis :

Pracownik	Handel	Godziny	Nadgodziny

Wyposażenie na miejscu	Nr jednostki

Dostarczone materiały	Nr jednostki	Wyposażenie wynajmowane	Szczure

Inne

Uwagi :

Nazwa projektu :

Brygadzista :

Projekt nr:

Data :

Dzień :

Odwiedzający

Harmonogram

Problemy

Kwestie bezpieczeństwa

Podsumowanie pracy

Podpis :

Pracownik	Handel	Godziny	Nadgodziny

Wyposażenie na miejscu	Nr jednostki

Dostarczone materiały	Nr jednostki	Wyposażenie wynajmowane	Szczure

Inne

Uwagi :

Nazwa projektu :

Brygadzista :

Projekt nr:

Data :

Dzień :

Odwiedzający

Harmonogram

Problemy

Kwestie
bezpieczeństwa

Podsumowanie pracy

Podpis :

Pracownik	Handel	Godziny	Nadgodziny

Wyposażenie na miejscu	Nr jednostki

Dostarczone materiały	Nr jednostki	Wyposażenie wynajmowane	Szczure

Inne

Uwagi :

Nazwa projektu :

Brygadzista :

Projekt nr:

Data :

Dzień :

Odwiedzający

Harmonogram

Problemy

Kwestie bezpieczeństwa

Podsumowanie pracy

Podpis :

Pracownik	Handel	Godziny	Nadgodziny

Wyposażenie na miejscu	Nr jednostki

Dostarczone materiały	Nr jednostki	Wyposażenie wynajmowane	Szczure

Inne

Uwagi :

Nazwa projektu :

Brygadzista :

Projekt nr:

Data :

Dzień :

Odwiedzający	Harmonogram

Problemy	Kwestie bezpieczeństwa

Podsumowanie pracy

Podpis :

Pracownik	Handel	Godziny	Nadgodziny

Wyposażenie na miejscu	Nr jednostki

Dostarczone materiały	Nr jednostki	Wyposażenie wynajmowane	Szczure

Inne

Uwagi :

Nazwa projektu :

Brygadzista :

Projekt nr:

Data :

Dzień :

Odwiedzający	Harmonogram

Problemy	Kwestie bezpieczeństwa

Podsumowanie pracy

Podpis :

Pracownik	Handel	Godziny	Nadgodziny

Wyposażenie na miejscu	Nr jednostki

Dostarczone materiały	Nr jednostki	Wyposażenie wynajmowane	Szczure

Inne

Uwagi :

Nazwa projektu :

Projekt nr:

Data :

Brygadzista :

Dzień :

Odwiedzający	Harmonogram

Problemy	Kwestie bezpieczeństwa

Podsumowanie pracy

Podpis :

Pracownik	Handel	Godziny	Nadgodziny

Wyposażenie na miejscu	Nr jednostki

Dostarczone materiały	Nr jednostki	Wyposażenie wynajmowane	Szczure

Inne

Uwagi :

Nazwa projektu :

Projekt nr:

Data :

Brygadzista :

Dzień :

Odwiedzający	Harmonogram

Problemy	Kwestie bezpieczeństwa

Podsumowanie pracy

Podpis :

Pracownik	Handel	Godziny	Nadgodziny

Wyposażenie na miejscu	Nr jednostki

Dostarczone materiały	Nr jednostki	Wyposażenie wynajmowane	Szczure

Inne

Uwagi :